HYGIÈNE

DE

LA VIGNE

MOYENS DE LUI RENDRE LA SANTÉ SANS LE SECOURS
D'AUCUN REMÈDE

TAILLE RAISONNÉE

ET SOINS A DONNER AUX VINS

PAR J. VIGNIAL

PROPRIÉTAIRE

L'homme doit employer toute son intelligence
à seconder l'œuvre de Dieu.

Deuxième édition augmentée

BORDEAUX

CHEZ FÉRET, LIBRAIRE-ÉDITEUR

15, COURS DE L'INTENDANCE, 15

1867

J'ai eu l'honneur d'informer le Gouvernement que j'avais la conviction d'avoir découvert la cause de l'état de maladie de la vigne, et les moyens de le faire disparaître. S. Exc. le Ministre de l'Agriculture et du Commerce voulut bien m'inviter à lui en donner connaissance, par sa lettre du 12 août 1862, ce que je m'empressai de faire; et, le 24 septembre 1864, il voulut bien encore m'accuser réception de mes dernières communications, dans lesquelles je me mettais à sa disposition pour exposer, devant telle commission qu'il lui plairait de nommer, ma manière de procéder pour rendre la santé à la vigne.

HYGIÈNE

DE LA VIGNE

MOYENS DE LUI RENDRE LA SANTÉ SANS LE SECOURS D'AUCUN REMÈDE.

TAILLE RAISONNÉE.

Causes de l'état de maladie de la vigne.

Toutes les recherches auxquelles je me suis livré ont toujours de plus en plus fortifié la pensée que j'avais, que le dépérissement de la vigne, son faible rendement et l'altération de la qualité du vin, ne viendraient que, de ce qu'au lieu de soigner cette plante généreuse pour lui faire porter des fruits sains et abondants, on opère à l'inverse. Dans beaucoup de vignobles, on ne songe jamais à nettoyer les ceps, qui souvent sont malpropres, parce que leur écorce étant très rugueuse, tout s'y attache facilement. On gêne trop la vigne avec tous les systèmes de culture employés jusqu'à ce jour; on la torture pour comprimer inintelligemment la sève, ou on lui donne trop d'extension pour lui faire produire beaucoup de mannes, qui ne résistent qu'en partie, à cause de la faiblesse du pied sur lequel elles se trouvent. Il s'ensuit que le bois tombe en décomposition et que la qualité du vin, qui ne peut être abondant, en est altérée. Les vignes, disposées en espaliers, en tonnelles ou en treilles, celles portant des *cids* ou de grandes *tiroles*, et la plupart de leurs provins, sont généralement malades, parce qu'on en meurtrit le bois pour obtenir ces dispositions. Les plantes, comme les êtres organisés, ayant une existence qui leur est propre, il faut leur donner ce qui leur convient, les bien diriger, et ne les contrarier que dans leurs défauts. On ne saurait donc trop éviter de soumettre la vigne à des tiraillements qui, par la fatigue qu'ils lui occasionnent, en dénaturent les produits.

Tout s'use dans ce monde, surtout quand, au lieu de travailler à la conservation des choses, on semble prendre à tâche de les amoindrir. Aussi la vigne, qu'on a si mal traitée, a-t-elle dû bien dégénérer! Que faut-il faire pour lui rendre son ancienne vigueur? Lui donner tout le confortable possible, s'il est permis de parler ainsi; choisir les terrains qui lui sont favorables, amender ceux qui laissent à désirer; la planter avec discernement; la disposer selon le lieu où elle est placée; ne mettre jamais de vignes blanches dans de forts terrains, dans lesquels elles deviendraient fougueuses, et dont les raisins se gâteraient avant d'être mûrs, parce qu'ils ne seraient pas assez sucrés; la tenir en état de propreté, éloignée des plantes qui peuvent l'incommoder, et la cultiver avec les instruments qui la blessent le moins.

Je me souviens d'avoir vu, il y a quarante ans, les vignes beaucoup plus fortes qu'à présent; elles se chargeaient d'excellents fruits. Je me souviens encore d'avoir remarqué, chaque automne, sur les mêmes pieds, des raisins détruits par la moisissure, probablement parce que ces pieds avaient éprouvé de fâcheux accidents; ce qui fait tout naturellement penser que l'oïdium n'est pas une maladie nouvelle, et qu'il a dû toujours se déclarer sur les vignes qui avaient eu leur sève corrompue par une cause quelconque, par des meurtrissures, ou par le contact prolongé de corps impurs ayant désorganisé leur existence. La moisissure, les insectes et les vers, s'établissent partout où existe une [infection. Que l'on empêche donc alors qu'aucun corps désorganisateur ne séjourne sur la vigne, qu'elle ne reçoive aucune meurtrissure, et l'on ne verra aucun symptôme de maladie.

Dispositions générales des vignes.

Chaque contrée a une manière différente de tailler et de disposer la vigne, mais qui se ressemble assez. Dans le Bordelais, à l'exception des vignes des grands crûs, plantées dans des terrains peu fertiles, les vignes sont disposées généralement, pour les forts terrains, comme l'indique l'un des dessins que l'on trouve à la fin de cette brochure. Pour les terrains faibles, on ne suit pas une marche aussi uniforme, parce qu'on ne peut donner aux vignes le même développement.

Je ne dis rien des nouveaux systèmes de taille qui sont si nombreux; l'expérience qu'on en fait, depuis quelques années, est là pour qu'on puisse les juger; mais je ne puis m'empêcher de faire observer qu'en contrariant la vigne dans ses allures naturelles, la gêne qu'elle en éprouve, ne permettant pas aux jeunes bois de passer assez promptement à l'état ligneux, les raisins ne peuvent bien mûrir ni le vin être bon.

Dans toute la chaîne qui s'étend depuis Bordeaux, et qui dépasse la Provence, les vignes ont à peu près les mêmes dispositions que dans le Bordelais; et, depuis la partie qui s'étend de la Provence et qui comprend le Lyonnais, il n'existe pas une différence assez marquée pour être signalée. Il n'en est pas de même dans la Touraine, le Poitou et la Saintonge, où l'on voit des vignes abandonnées sur le sol, et, dans un grand nombre de contrées, d'autres en forme de quenouille. Ces diverses manières de disposer la vigne s'écartent de la mienne, mais pourraient souvent y être amenées, si elles n'étaient pas trop vieilles, ou plutôt, si elles n'avaient pas été trop maltraitées. Elles pourraient du moins être l'objet de modifications importantes, quoique très simples, pour être mises dans une situation assez favorable, en tenant compte des différences de température pour les nouveaux soins à leur donner.

Évidemment, si l'on remarque des contrastes dans la manière de disposer une même plante, c'est à cause de la qualité du terrain dans lequel elle se trouve, et de son exposition plus ou moins rapprochée du midi. Si l'on donne un grand développement aux vignes des forts terrains, c'est pour satisfaire la robuste santé qu'ils leur procurent; si, au contraire, on en laisse peu aux vignes moins bien nourries, c'est pour qu'elles ne s'étiolent pas; et, si on laisse les pampres traîner par terre, c'est pour les préserver d'un vent trop pénétrant, ou parce que les cépages se plaisent aux formes les plus vagabondes. Pour les vignes en forme de quenouille, on peut dire que la sève se dépense beaucoup plus à nourrir sa haute tige et ses nombreuses ramifications, qu'à produire des fruits, comme cela a lieu souvent pour les arbres fruitiers, auxquels on donne cette disposition, et au sommet desquels se porte toute la fraîcheur de la végétation. Il est probable que cette forme, les chargeant d'un grand nombre de bois, réduit ainsi, en les épuisant, leurs facultés fécondantes, qu'on n'obtient et qu'on ne maintient dans la vigne, qu'en restreignant, dans une juste mesure, le développement de ses rameaux.

Il ne m'appartient pas de jeter un blâme sur l'usage où l'on est de laisser les pampres abandonnés à eux-mêmes sur le sol, quand cet abandon n'est pas causé par une parcimonie mal entendue des propriétaires, mais parce que les contrées dans lesquelles ils se trouvent, sont peu favorisées par la température, ou dont les cépages ne répondent pas aux soins qu'on leur donne. Je dis seulement que le bois doit en souffrir en éprouvant des mâchures, et que les raisins, étant couverts de terre, ne peuvent donner des produits délicats. Je ne saurais non plus critiquer l'usage où l'on est de faire monter les vignes sur les arbres, quand c'est une nécessité commandée par l'énergie des terrains, celui, par exemple, du bel et riche Agenais, dans lequel les vignes prennent des développements gigantesques, ou lorsqu'elles se trouvent sous un climat trop chaud, comme celui d'une partie de l'Italie, dans lequel il faut vendanger avant que les raisins ne soient mûrs, pour ne pas voir grillés par le soleil ceux que les insectes n'auraient pas détruits, même avant la maturité. On sait que les premières de ces vignes ne peuvent donner des vins alcooliques et ayant quelque qualité, parce qu'elles produisent trop, et que le bois en est trop sec pour que les graines se puissent bien développer, et que les secondes ne produisent que des vins d'un goût très désagréable, et ne peuvent se conserver que pendant un temps très limité, qui ne va guère que jusqu'à la prochaine récolte.

Anciens systémes de taille dans le Bordelais.

Le premier dessin représente un pied d'un âge moyen, taillé d'après le système généralement adopté, et suivi avec tant d'opiniâtreté pour les forts terrains, principalement dans le Bordelais, c'est à dire pour les grandes vignes. Les pieds sont, ainsi que l'indique le dessin, habituellement à deux mètres, et les supports, à soixante centimètres les uns des autres. Il serait difficile d'indiquer la hauteur des ceps, laquelle varie beaucoup, et surtout la longueur des branches de droite et de gauche, qu'on ne cherche pas même à rendre semblables sur chaque pied, ce qui fait que l'un des côtés est nourri aux dépens de l'autre, lequel ne tarde pas à moins produire.

Il résulte de la disposition de cette vigne, qu'on ne peut mettre ainsi, qu'en écrasant souvent d'un côté et en déchirant de l'autre les trois petites branches, que les trois grandes sont gênées par les supports et par les petites, qui le sont bien plus par les grandes. Les raisins, dans lesquels on trouvera des chrysalides et des araignées, seront les uns sur les autres, et même les uns dans les autres, et s'égrèneront sur le sol quand on les cueillera, parce qu'il faudra en prendre plusieurs à la fois, au milieu de nombreux rameaux qui les endommageront à leur passage, après les avoir empêchés de bien mûrir. La sève se portant naturellement et avec inégalité aux extrémités des grandes branches, qui cherchent l'air et la lumière, il existera des bois gourmands à ces extrémités, et l'on verra plus bas des bois minces, courts et verts. C'est après avoir laissé ces vignes ainsi s'épuiser qu'on essaie de les refaire, en les remontant avec des bois d'une si chétive apparence, qui peuvent venir près du cep sur lequel ils n'adhèrent jamais bien. Il y a un très grand nombre de vignes sur lesquelles séjourne une quantité considérable de mousse, remplie de vers et d'insectes, qu'on a toujours laissée s'accumuler, et sur laquelle on voit d'autres plantes qui, toutes, vivent aux dépens des vignes et entretiennent une humidité qui finit par pourrir le pied. Après avoir ôté cette mousse, un enduit fait sur les vieux bois avec un lait de chaux vive, leur donnerait une nouvelle existence, ainsi que l'expérience me l'a prouvé. On pourrait encore fermer avec du mortier les creux trop profonds qui existent sur les vieux bois, pour empêcher que l'eau et les corps étrangers, qui s'y introduisent, ne les rongent encore plus profondément.

En taillant les vignes selon les anciens systèmes dans le Bordelais, les vignerons se préoccupent trop de chercher à obtenir un grand nombre de raisins pour la prochaine récolte, en ne se servant que des bois les plus productifs. Cela nuit à la récolte suivante, et fait que les pieds ne tardent pas à prendre des formes condamnées par les règles de l'équilibre, qui doivent présider à tout. Voici quels en sont évidemment les vrais principes : Il faut laisser, autant qu'on le peut, les grandes branches de droite et de gauche d'égale longueur, ainsi que les petites, qu'on endommage le moins possible, et dont on attache l'extrémité aux grandes, à une distance d'une dixaine de centimètres, ayant ainsi le soin de couper un certain nombre de bourgeons de la partie supérieure de ces grandes branches, pour améliorer le système; puis, laisser la grande branche du milieu d'une hauteur qui ne dépasse pas les autres, et fixer la petite, comme il vient d'être dit; enfin, avoir le soin de faire les remontages avec les bois les plus rapprochés du cep, pour éviter l'allongement des principales ramifications, à l'extrémité desquelles se porterait toute la végétation, et laisser des montants dans les parties inférieures pour remplacer les vieux bois, toutes les fois qu'il s'en présente.

Il est rare que l'on prenne toutes ces précautions. Pour aller plus vite, on ne détruit pas, autant qu'on le pourrait, les vieux bois; on n'ébourgeonne qu'exceptionnellement, et l'on attache l'extrémité de chacune des petites branches contre la grande à laquelle elle appartient, ce qui fait qu'elles se gênent mutuellement, ainsi que j'en ai déjà fait l'observation. Il s'ensuit qu'au bout de peu d'années, les trois principales ramifications du pied ont pris trop d'étendue, et que l'une d'elles, ordinairement la moins grande, ne produit presque rien, parce que les autres ont été nourries à ses dépens. Le nombre des raisins va toujours en diminuant, et l'on ne tarde pas à songer à arracher ces vignes, qui ne rapportent pas de quoi payer ce qu'elles coûtent, les vieux bois ne fournissant pas d'éléments assez consistants pour les refaire. S'il en est qui produisent encore d'abondantes récoltes, elles ne le doivent qu'à l'énergie du terrain dans lequel elles se trouvent; mais la plupart sont constamment atteintes d'oïdium, alors surtout qu'elles ne sont pas suffisamment éloignées les unes des autres, ce qui leur fait prendre les formes les plus désordonnées.

Il est très facile de corriger cet ancien système de taille des grandes vignes, si l'on ne veut pas les transformer en leur donnant la forme en éventail, que je propose de lui substituer. Cette transformation n'est pas toujours entièrement praticable, parce qu'on trouve peu de bois pour établir les branches centrales sur les grandes, auxquelles on a retranché les jeunes bois avec tant de persistance, par ignorance des principes de taille, ou, ce qui a lieu ordinairement, pour aller plus vite en besogne, en se dispensant de scier les gros bois, ce qui demanderait plus de temps.

Sans toucher en rien aux dispositions des deux principales branches, en faisant seulement un changement dans la façon d'assujétir leurs ramifications, et en ébourgeonnant le quart de la partie supérieure de ces branches, on peut disposer ces vignes dans des conditions à peu près analogues aux vignes en éventail. Il faut attacher les grandes branches et les petites qui en dépendent, en leur donnant la dimension nécessaire, sur le fil de fer d'en bas, qu'on voit sur le deuxième dessin, dont les vieux bois sont la reproduction du dessin qui précède, représentant le pied de vigne taillé et disposé d'après l'ancien système; puis, au lieu de laisser au milieu une grande et une petite branche, en disposer deux de moyenne longueur, partant de la souche-mère pour les attacher toujours isolément, sur le même fil, de manière que toutes ces divisions soient à une pareille distance les unes des autres; enfin, lier les pieds ensemble sur le support qui les sépare, et, le temps arrivé, relever les bois de l'année sur le fil de fer d'en haut. Le tout ainsi disposé, ces vignes se trouveraient établies, à peu de chose près, comme cela est indiqué pour les vignes en éventail.

Les cultivateurs tiennent beaucoup à la conservation de la souche-mère, qui est de tradition, et qui cependant a l'inconvénient d'augmenter le volume du vieux bois. Je la conserve donc pour donner satisfaction à leurs idées, que le temps semblerait justifier, en ne changeant que la disposition des rameaux, tout en faisant remarquer qu'après l'avoir supprimée, l'année suivante, il pousse, près de la place qu'elle occupait, des bois assez consistants pour la remplacer, avec d'autant plus d'avantage, qu'ils sont plus jeunes. Si l'on ne peut, ni transformer les vieilles vignes en éventail, ni les corriger comme je l'indique, c'est qu'elles ont des formes tellement bizarres, que ce que l'on a de mieux à faire, c'est de les arracher.

L'ancien système pour les vignes de côtes, complantées dans les terrains faibles du Bordelais et de la Gascogne, consiste généralement à laisser aux ceps deux petites branches et une grande, nommée *cid,* pour laquelle on emploie le plus beau bois, et qu'on met plus ou moins en demi-cercle, suivant les habitudes locales. Généralement encore, dans le Bordelais, au lieu de *cid,* on laisse un long pampre appelé *tirole,* formant les trois quarts d'un ovale, aux pieds offrant plus de consistance que les autres, ou plantés dans des terrains moins faibles. On ne peut disposer ainsi ces bois, qu'en écrasant sans pitié l'un des côtés et en déchirant l'autre. Toujours faite en vue de la prochaine récolte, cette opération, que les petits propriétaires multiplient le plus qu'ils peuvent, et qui, par cela seul, est cause que leurs vignes sont plus malades que celles des grands propriétaires, fait sans doute produire beaucoup de mannes en refoulant la sève; mais, quand elles passent à l'état de verjus, la moisissure s'y établit souvent et le sèche, ou pourrit le raisin au moment de la maturité. Il est à remarquer que, si l'on ne ployait pas ainsi la grande branche, des bois gourmands viendraient à son extrémité, ce qui justifie ce que j'avance en disant que, pour les éviter, il faut que les ramifications du pied soient d'égale longueur, afin que la sève n'ait de préférence pour aucune d'elles.

Les petits propriétaires tombent dans deux extrêmes : ou

ils éloignent trop leurs vignes les unes des autres, pour utiliser le terrain qui existe entre elles en y cultivant diverses plantes, ou ils les rapprochent trop, croyant qu'elles produiront ainsi davantage, ce qui fait que leur vin est toujours inférieur en qualité au vin des grands propriétaires, parce que leurs vignes se fatiguent en prenant trop de développement, ou parce qu'elles souffrent en n'en prenant pas assez.

J'avais quelques pieds taillés d'après cet ancien système, ainsi que des espaliers, et tous étaient constamment malades. En donnant une unique disposition aux branches des premiers, et en substituant à la taille en espalier une taille mieux entendue, ces vignes ont pris une nouvelle existence : les unes se portent très bien, et les autres, qui semblaient avoir été exposées à l'ardeur du feu, ont une tout autre apparence. On pouvait parcourir, l'automne dernier, toute la propriété sur laquelle j'expérimente, et où existent huit hectares de vignes de tout âge, on n'y trouvait aucun symptôme de maladie ; les vieilles vignes, qui avaient été, il y a quelques années, atteintes par l'oïdium, ont eu leurs fruits en aussi bon état que les jeunes.

Nouvelles dispositions à donner à la vigne.

L'erreur la plus grave consiste dans la façon de tailler et de disposer la vigne, et son éducation est à réformer. On arriverait facilement à lui donner les dispositions qui conviennent le mieux à sa constitution, sans trop contrarier les habitudes locales, en créant trois grandes divisions, auxquelles on pourrait faire, selon le lieu dans lequel la vigne serait placée, toutes les modifications qui paraîtraient nécessaires. Ces principales dispositions seraient :

Pour les forts terrains, la forme en éventail, dont la description va être faite, et à laquelle l'ancien système appliqué aux grandes vignes pourrait être appliqué, ou que l'on pourrait corriger, ainsi que je l'ai démontré. L'éventail serait plus ouvert dans les terrains très énergiques et le serait peu dans les terrains moins forts.

Pour les terrains faibles, ordinairement ceux de côtes, où se trouvent les vignes de moyenne grandeur, on tiendrait les ceps très bas, en leur laissant de courtes et égales ramifications dont on relèverait sur un support, à une certaine hauteur, les bois de l'année. Les raisins, protégés par un épais feuillage contre les ardeurs du soleil, recevraient ainsi de la terre toutes les qualités qu'elle peut leur donner.

Enfin, pour les terrains moins fertiles, où sont les petites vignes, la disposition la plus naturelle est de laisser les ceps excessivement courts, avec deux branches opposées l'une à l'autre, dans la position demi-oblique et ayant peu d'élévation, qu'on fixerait sur un fil de fer, dont on relèverait les pousses de l'année sur un autre fil placé plus haut, la pauvreté du sol ne permettant pas de donner plus d'extension à ces vignes, sans compromettre leur existence.

Forme en éventail.

Ma manière de procéder, qui n'est point un système, et que je mets principalement en opposition avec les anciens usages, consiste, pour les forts terrains, c'est à dire pour les grandes vignes, à disposer ces vignes en éventail, comme l'indique le dernier dessin représentant un pied de vigne arrivé à l'âge de huit ans, et précédé de quatre croquis ou petits dessins, montrant les formes qu'il doit avoir à la quatrième, à la cinquième, à la sixième et à la septième année.

La distance d'un pied à l'autre est de 2 mètres; le cep a 50 centim. de hauteur; le fil de fer inférieur est à 1 mètre 10 centim. du sol; l'autre à 1 mètre 60 centim. On modifie ces dimensions suivant les terrains. Elles seraient au moins inutiles pour les vignes qui s'étendent peu, et seraient insuffisantes pour les vignes qui prennent de grands développements. Les vignes trop éloignées les unes des autres donnent des vins faibles et communs, parce qu'elles produisent beaucoup; les vignes trop rapprochées produisent des vins malsains, parce que la gêne qu'elles éprouvent les fait monter et pousser en tous sens, ce qui empêche les raisins de bien mûrir, en les cachant, et en les rendant ainsi accessibles à la maladie.

A sa quatrième année, si la plantation a été faite en produits de pépinière, le pied est partagé en deux divisions, qui auront chacune 80 centimètres environ de long, pour n'avoir tout leur développement qu'à la huitième année. A sa cinquième année, on établit les deux branches centrales, qu'on ébourgeonne plus ou moins à leur extrémité, selon la force des pieds, et qu'on n'ébourgeonne pas l'année suivante. A sa septième année, on crée les deux autres branches, pour lesquelles on opère comme pour les précédentes. Si la plantation était faite en boutures, le développement du pied se trouverait forcément retardé d'un ou de deux ans.

On aura le soin de faire les remontages aussi bas que possible, pour ne pas surcharger le pied de vieux bois qui ne produisent rien, et l'on ne devra pas non plus négliger d'établir des montants, pour remplacer les anciennes branches, quand ce changement paraît utile pour rajeunir les bois et ramener ainsi toute la force près du pied. Lorsque les vignes seront assez vigoureuses pour qu'on puisse se dispenser d'ébourgeonner les petites branches, il faut bien se garder d'y procéder, parce que la sève se précipiterait aux bourgeons supérieurs des divisions, et y produirait des bois gourmands.

On devra ébourgeonner la partie supérieure de ces divisions, la moitié à la quatrième et à la cinquième année, le tiers seulement à la sixième et à la septième, pour n'en plus ébourgeonner que le quart à la huitième, époque où le développement des pieds permettra de les lier ensemble à leurs extrémités, pour leur faire occuper le plus d'espace possible en longueur, si déjà ce développement n'a permis de les joindre un ou deux ans plus tôt. En fixant ainsi ensemble, avec une seule attache, les divisions aux supports, on empêche qu'elles ne soient amenées vers le milieu du pied par le poids des raisins, qui mûrissent bien et qu'on peut cueillir un à un, sans voir des graines tomber sur le sol et se perdre dans les creux qu'il présente. Les jeunes bois, espacés les uns des autres, ne chercheront pas, comme dans l'ancien système, à se devancer pour trouver l'air et la lumière, et l'ébourgeonnement servira de modérateur à la sève.

On ôtera le support auquel est attaché le pied quand il ne sera plus nécessaire, pour qu'il ne fatigue pas la racine, et qu'il ne continue pas à gêner les branches centrales qui évitent son contact. Après l'opération de la taille, on fixera solidement les grandes et les petites branches sur le fil de fer inférieur, et, le moment étant venu, les bois de l'année seront relevés sur l'autre fil de fer.

Les vignes ainsi disposées en éventail, les branches qu'aucun support ne touche, étant suffisamment éloignées les unes des autres pour ne pas se gêner entre elles, les raisins jouiront de tout l'air possible. Quand il arrive qu'un pied éprouve quelque accident, il est nécessaire, quand on le taille, de l'arranger de façon à ne pas laisser, autant qu'on le peut, plus de bois d'un côté que de l'autre. Si l'on n'avait pas cette précaution, le moins chargé en souffrirait et l'autre aurait des bois gourmands. Après la huitième année, s'il se trouvait des bois plus vigoureux que d'habitude, on pourrait diviser deux des petites branches, même les quatre, ou en créer de nouvelles; enfin, donner à ces pieds toute l'extension qu'ils pourraient supporter, en observant toujours de charger également les deux côtés des pieds pour les raisons que j'ai déjà fait connaitre. Il est bien entendu que, lorsqu'un pied n'est pas assez fort pour recevoir tout le développement qu'il doit avoir à son âge, il faut attendre qu'il soit en état de le supporter.

Cette manière de procéder aura l'avantage de faire durer plus longtemps les vignes, parce qu'elle ne les fatigue pas. Elle demande moins de temps pour les entretenir que par l'ancien système, et rend le travail de la bêche et de la charrue plus facile, vu le peu d'espace que les pieds occupent en épaisseur, ce qui permet d'utiliser, avec tout le profit possible, le terrain qui les sépare. Enfin, elle offre l'avantage de pouvoir les tailler sans beaucoup d'étude, car il ne faut que les disposer mathématiquement pour être ainsi maître de la sève. Il s'agit de leur faire porter le bois qui leur est nécessaire, d'après l'aspect qu'elles présentent, pour ne pas les épuiser en leur en laissant trop, ou avoir des bois gourmands qui les appauvriraient en ne leur en laissant pas assez ; car la sève n'ayant pas, dans ce cas, une issue suffisante, déborderait d'un côté au préjudice de l'autre, et rendrait ainsi le pied difforme.

Attention à apporter aux dessins comparatifs.

Que l'on veuille bien examiner les dessins avec quelque attention, et l'on pourra décider, en parfaite connaissance de cause, à laquelle des deux manières de disposer la vigne on doit donner la préférence, ce que j'avance étant du ressort des yeux et du raisonnement. La mienne me parait remplir les conditions nécessaires pour arrêter et faire disparaitre l'état de maladie dans lequel est tombée la vigne, et devoir, en lui rendant la santé, satisfaire aux intérêts si sérieux qui se rattachent à sa culture. La forme en éventail et l'ancien système corrigé, peuvent concurremment être employés dans la même pièce de vigne, quand il se trouve des pieds qui, par leur conformation, se prêtent mieux à l'une de ces dispositions qu'à l'autre.

Au surplus, je n'ai nullement la prétention d'indiquer des dispositions de vigne qui ne doivent subir aucune modification, et je verrais au contraire, avec satisfaction, qu'on y introduisît tout le perfectionnement qu'elles sont susceptibles de recevoir, et même qu'on en trouvât de meilleures; mais j'ai voulu signaler des dispositions qui, en ne la fatiguant en rien, fussent pour elle une garantie de santé.

Rechercher et faire connaître tout ce qui pouvait être pour la vigne une cause de maladie, pour la faire cesser, en lui rendant ses forces avec les plus simples moyens hygiéniques, évitant ainsi l'emploi de tous remèdes qui ne peuvent que sauver une partie des récoltes compromises par l'oïdium (s'il est vrai qu'ils aient toujours quelque efficacité, bien qu'ils nuisent au moins gratuitement à la qualité du vin, quand on en fait usage sans utilité), c'est ce que j'ai fait avec persévérance, pénétré de ce grand principe, qu'il vaut mieux prévenir que réprimer, principe qui trouve ici parfaitement sa place, et qu'on ne saurait trop appliquer à toutes choses.

Résultats de mes expériences.

C'est d'après les idées que je viens d'exposer que j'expérimente sur une de mes propriétés. Le plus grand nombre des vignes sur lesquelles j'opère, et qui ont été élevées le mieux que j'ai pu l'obtenir des travailleurs, si ennemis de toute innovation, sont dans leur septième année. J'obtiens les meilleurs résultats. Les ceps ont une couleur uniforme, les bois intermédiaires sont d'un gris cendré, et les jeunes deviennent marron; les feuilles, d'un gros vert, passent au rouge au moment des vendanges; les raisins, dont la râpe est brune et les graines d'une grosseur extraordinaire et d'une couleur très foncée, toujours exempts de maladie, sont en grand nombre et arrivent en parfait état de maturité. En moyenne, l'année dernière, ces vignes ont eu chacune une trentaine de grappes; si quelques-unes en ont eu moins, c'est parce qu'elles ont été incommodées par les limaçons; mais il en est qui en ont porté cinquante, soixante et même soixante-dix. Tous ces raisins étaient dans le bas des rameaux, ne dépassant pas le fil de fer inférieur, où ils acquéraient toutes les qualités qu'ils pouvaient recevoir, se trouvant dans la partie la plus faite du bois producteur.

Chose remarquable, c'est que les pieds qui ont été très exactement taillés suivant mes indications, et auxquels on a laissé, dès la cinquième année, des petites branches peu ou point ébourgeonnées, sont dans l'état le plus florissant; ces branches ont pris beaucoup de consistance et se sont couvertes de fruits, tandis que la sève ne s'est pas engagée dans les branches qui avaient été trop dégarnies et qui n'ont pas grossi, et s'est précipitée aux bourgeons supérieurs des divisions. En opérant comme je l'avais indiqué, la force des pieds est demeurée au centre; en opérant différemment, c'est l'inverse qui a eu lieu.

Tout vient donc assurer chaque année une récolte considérable d'excellent vin, quand on a donné dès l'enfance à la vigne une bonne constitution, et qu'on l'a bien dirigée dans l'âge adulte. Elle se montre ainsi généreuse en reconnaissance des soins qu'elle a reçus, et se trouve établie dans des conditions qui lui promettent un bel et long avenir. Il s'agit dès lors de la maintenir dans cet état florissant, pour qu'elle ne cesse de produire d'importants revenus.

A côté de vignes si fécondes, on en voit d'autres, d'âges différents, qui sont dans le plus fâcheux état. Les vieux bois ont des formes impossibles, et sont épuisés par la perte de sève qui s'est faite aux extrémités des grandes branches, où se porte la végétation. Les moins mauvaises ont été taillées, il y a un an, pour être mises en éventail; d'autres viennent encore d'être taillées ainsi; mais il en est beaucoup qu'on ne pourra modifier et qu'il faudra renouveler, ce qu'elles rapportent étant loin de payer ce qu'elles coûtent. Si, l'année dernière, elles ont tenu les promesses qu'elles donnaient au printemps, elles le doivent à la nouvelle et bonne direction qu'elles ont reçue, et principalement à l'état de propreté dans lequel on les a mises; mais la couleur pâle des feuilles signale encore l'état de souffrance dans lequel on les a entretenues. Les vieilles vignes laissées à l'ancien système ne peuvent supporter de comparaison avec les autres vignes du même âge transformées en éventail. La préférence est tout à l'avantage de ces dernières.

Si j'ai donné à ma manière de soigner la vigne le nom d'*hygiène de la vigne,* c'est parce que je m'attache à lui procurer tout ce qui convient à son tempérament; et à sa disposition le nom de *taille raisonnée,* c'est parce qu'en la taillant comme je l'indique, on se rend parfaitement compte de ce que l'on fait.

Vignes malades.

Les vignes traitées par les anciens systèmes, que j'ai principalement signalés, sont toutes plus ou moins malades, et si l'oïdium avait beaucoup moins atteint leurs raisins depuis un ou deux ans, elles le devaient à la beauté des saisons. Dans ma première édition, j'avais exprimé la pensée que, s'il en venait se passant en brusques changements de température, ces changements auraient sur les vignes, qui aiment tant à montrer au soleil leur luxuriant feuillage, les mêmes influences qu'elles ont sur les personnes souffrantes. L'année dernière, la beauté du printemps a fait prendre beaucoup de force aux vignes, et le verjus avait une consistance qui semblait devoir mettre la récolte à l'abri de tout danger; mais alors qu'on espérait en avoir fini avec l'oïdium, l'été s'étant passé dans une température tout à fait anormale, la maladie s'est montrée dans la plupart des vignobles, et, dans quelques-uns, elle s'y est propagée sur une certaine étendue. Les pluies continuelles de l'automne ont empêché de bien mûrir les jeunes bois des vignes, dont les dispositions les privent d'air. Les uns avaient une couleur vert-rosé, qui prouve leur faiblesse; les autres étaient tachés de noir et semblaient vermoulus. Aussi, est-il fort à craindre que, dans cet état si apparent de souffrance, l'oïdium ne se montre cette année sur une étendue encore plus considérable.

Je n'ai pas fait d'observations sur l'état de maladie de la vigne dans le Bordelais seulement et dans un grand nombre de départements; je m'en suis rendu compte encore à l'étranger. Partout, j'ai acquis la conviction que si la vigne est tombée dans un état d'épuisement, c'est par suite des soins mal entendus qu'elle reçoit. On ne saurait donc s'appliquer à lui donner tout ce qui lui convient, pour en retirer les avantages que le nouvel état, dans lequel il faut la placer, est appelé à rendre à l'agriculture et au commerce.

Quand chacun veut raisonner un peu sur tout, on se tait aussitôt que l'on entend parler de vignes, oubliant ainsi qu'elles sont une des plus importantes richesses du pays, et que leurs produits donnent et la joie et l'énergie et la santé. Un assez grand nombre de propriétaires essaient pourtant des nouveaux systèmes de taille, non pour s'en être rendu compte, mais parce qu'ils voient que leurs vignes, tombées dans le plus fâcheux état, seraient perdues si on ne les soumettait pas à un nouveau régime.

Tonnelles et treilles.

On travaille rarement les terres dans lesquelles sont plantées les vignes disposées en tonnelles et en treilles dans le voisinage des habitations, et néanmoins elles vivent longtemps; mais, produisant beaucoup, leurs raisins ne contiennent que peu d'alcool. Placées habituellement dans des endroits chauds, elles se maintiendraient en bon état si, pour les mettre ainsi, on n'en meurtrissait pas le bois, et c'est parce qu'on les blesse que l'oïdium leur donne une préférence si marquée. Les vignes disposées en forme de tonnelles sont généralement moins malades que les vignes disposées en treilles, parce que cette situation ne les fatigue pas autant. Les treilles dont l'extrémité est plus élevée qu'au point où elles changent de direction, sont ordinairement moins mauvaises que les treilles qui passent brusquement de la position horizontale à la position verticale, parce qu'on les endommage moins pour leur donner cette disposition.

Terrains et engrais.

Les terrains favorables à la qualité du vin sont les caillouteux, et à la quantité, ceux qui proviennent d'alluvions; les plus mauvais, sous tous les rapports, sont les froids ou argileux. Les terrains composés de sable et ceux de marne forment les deux extrêmes : les uns sont trop faibles et les autres trop forts. Les terres de bruyères, si légères et si meubles, le sable même, sont très utiles pour rendre friables les terres fortes dans lesquelles beaucoup de graines ne peuvent germer ni les racines prendre l'accroissement nécessaire à l'existence des plantes. Les eaux de pluie disparaissent sur les terres de bruyères avec la plus grande rapidité, alors qu'elles ne pénètrent que difficilement dans les terres fortes, où il ne faut pas les laisser séjourner pour qu'elles ne pourrissent pas les racines. Les terres de bruyères, si maniables, rafraîchissent les autres terres sur lesquelles on les répand, alors que les engrais composés de matières animales les brûlent. En faisant usage des fumiers de parcs et des engrais qui proviennent des végétaux, dont les effets se font longtemps sentir, on engraisse la terre, tandis que l'énergie que les autres engrais lui procurent, n'est pas de longue durée, et qu'au lieu de la rendre onctueuse, ils la sèchent et la réduisent en poussière.

Il faut travailler régulièrement les terres dans lesquelles sont plantées les vignes, surtout les terres fortes, pour donner de l'air aux racines sans les endommager, et pour les débarrasser des mauvaises herbes, qui leur portent beaucoup de tort en usant la terre et en entretenant autour d'elles l'humidité et la malpropreté. Les plantes qui croissent spontanément, sont déjà une indication de la qualité du sol ; les ajoncs, les genevriers et les fougères viennent dans les terrains sablonneux ; les plantes balsamiques, parmi les rochers ; les herbes fines et délicates, dans les meilleurs terrains ; les plus difficiles à détruire, dans les terrains gras, et les plantes vénéneuses, dans les terrains marécageux. L'aspect des animaux indique aussi la qualité des terres : petits, faibles et maigres dans les contrées où les terrains sont ingrats, ils sont grands, forts et gras dans les contrées où les terrains sont généreux.

Si, pour la prospérité des vignes, il est nécessaire de donner des stimulants aux terres faibles, on doit bien se garder d'en donner aux fortes, qu'il ne faut pas même travailler profondément, parce que les jeunes bois pourraient ne pas passer à l'état ligneux, en prenant des développements extraordinaires, et, par suite, les raisins ne mûrissant qu'imparfaitement, ne produiraient pas de bon vin. Restés à l'état d'embryons, ces bois ne donneraient aucune espérance comme éléments reproducteurs, et seraient détruits par la gelée. Il faut donc procurer aux terrains les stimulants et même les tempérants qui conviennent aux vignes pour leur développement, afin qu'elles s'étendent selon leurs forces.

Plus les terrains sont forts et humides, plus les ceps doivent être élevés ; et, par opposition, plus ils sont faibles et secs, plus ils doivent être courts, avec cette différence encore que, dans le premier cas, les ramifications des pieds doivent être sur une seule ligne, et réunies dans le second. Les vignes des terrains forts et humides, prenant de grands développements, doivent être exposées suffisamment au soleil pour la maturité du fruit, tandis qu'on doit en tenir à l'abri les vignes des terrains faibles et secs qui s'étendent peu, pour empêcher que les raisins ne soient grillés.

Outils.

Le remplacement de la serpette, qui laisse une plaie unie, par le sécateur, qui en fait une qui mâche et déchire le bois, est nuisible à la vigne. Cependant, on ne pourrait obtenir des travailleurs qu'ils renonçassent au nouvel instrument avec lequel ils font beaucoup plus d'ouvrage qu'avec l'ancien, dont l'usage n'est pas sans quelque danger, quand on ne le manie pas avec adresse.

Il faut détacher les raisins avec précaution, en employant des ciseaux et non un couteau qui, en les secouant, les ferait s'égréner, parce que la grappe, attaquée d'un seul côté, résiste davantage à l'instrument. Le préjudice causé par l'égrénement est plus considérable qu'on ne le pense; une seule graine égarée par raisin, si l'on a une certaine étendue de vignes, occasionne un déficit d'autant plus regrettable que ce sont précisément les meilleures graines qui se perdent, surtout dans les fentes des terres fortes, d'où il est impossible de les retirer.

Quant aux outils à fouiller, leurs formes et leurs dimensions ne laissant rien à désirer; le choix en est suffisamment indiqué par la nature et la qualité des terrains et la disposition des vignes. Grands et lourds pour les forts terrains qui résistent à leur action, et dont les vignes sont à une certaine distance les unes des autres, ils doivent être légers et courts pour les terrains qui n'offrent que peu de résistance, et dont les vignes moins espacées pourraient être endommagées si l'on se servait de longs outils.

Plantations.

Le mode de renouvellement de la vigne est des plus
vicieux. Voici comment on opère habituellement : on coupe
de jeunes bois, qu'on réunit par centaines, plus ou moins
longtemps après, et dont on couche dans la terre les bottes
qu'ils forment. Au printemps on les en sort, et on les met en
pépinière; deux ans après, on les transplante. Quelques
années s'étant écoulées, on se sert des nouveaux pieds
auxquels on coupe, à leur tour, de jeunes bois pour faire la
même opération, et l'on fait ainsi depuis des siècles. Il arrive
qu'à chaque transplantation, la plante subit un amoindrisse-
ment, parce qu'elle éprouve un temps d'arrêt avant de
prendre racine. Il vaudrait donc beaucoup mieux confier
immédiatement les sujets que l'on retire des bottes, au sol
auquel ils sont destinés, que de les mettre en pépinière et de
leur faire ainsi subir deux transplantations. Il serait préférable encore, au lieu de mettre les boutures en bottes, de
les placer tout de suite dans les rangs qu'elles doivent
occuper; malheureusement, la dureté des terrains et le froid
ne le permettent pas. Couchés dans la terre, puis mis en
pépinière et enfin dans le terrain à complanter, ces jeunes
bois sont soumis trop souvent aux influences atmosphériques.
Si l'on ne peut supprimer la première opération, qu'on en
retranche au moins la deuxième. On objecte ceci : c'est
qu'en employant une vigne de deux ans dont la réussite est
à peu près certaine, on a des récoltes plus tôt, ce qui est
très vrai, mais n'en est pas moins un très mauvais calcul,
parce que l'expérience a prouvé que lorsqu'on n'opérait pas
ainsi, les vignes étaient beaucoup plus belles et duraient
davantage.

On ne saurait trop recommander de choisir de bonnes
boutures, assez consistantes, exemptes de taches et prove-
nant de vignes parfaitement saines; mais comme, tout en

travaillant pour le présent, il faut songer à l'avenir, on pourrait, pour en renouveler l'espèce, faire avec beaucoup de soins et de précautions des semis de vignes qui, trois ans plus tard, feraient d'excellents sujets; ils constitueraient une génération de vignes nouvelles qui seraient exemptes des vices des générations passées.

Il faut encore faire un bon choix de cépages, en planter de diverses sortes dont le mélange réussit bien, dans différentes pièces de terre, pour que le développement des uns ne nuise pas au développement des autres, afin d'avoir, au moment des vendanges, des raisins parvenus dans chacune de ces pièces au même degré de maturité; mettre dans de justes proportions les cépages qui rendent beaucoup, mais qui ne donnent que de la finesse aux vins et ceux qui leur donnent de la qualité.

S'il est préférable de confier immédiatement les boutures au sol auquel elles sont destinées pour bien réussir, il faut qu'elles proviennent d'un terrain semblable à celui qui doit les recevoir, et se garder de les coucher, pour qu'elles ne soient pas meurtries, ce qui pourrait être un germe de maladie. Si la plantation était faite en produits de pépinières, il faudrait, pour que la réussite de la vigne fût plus certaine, que le terrain à complanter ne fût pas différent du terrain de la pépinière d'où elle sort; s'il était meilleur, il pourrait ne pas lui convenir, et elle languirait s'il lui était inférieur.

On croit généralement qu'une plante trouve toujours un avantage à être mise dans un terrain meilleur que celui d'où elle vient; on se trompe étrangement. Qui n'a vu des rosiers, des ormeaux même, enracinés dans des murs; si on les en sortait pour leur donner une nourriture plus substantielle, ils ne prendraient guère de développement et périraient peut-être.

Époque où il faut tailler la vigne.

On ne peut trop recommander de n'opérer la taille de la vigne que lorsque la sève a cessé son mouvement ascensionnel, ce qui est indiqué par la chute des feuilles, et aussi avant la reprise de ce mouvement, qui est subordonné à la température. En taillant la vigne trop tôt, la sève, retenue dans un espace réduit, agirait sur les bourgeons qu'elle exposerait à la gelée en les faisant sortir; en la taillant trop tard, elle en serait d'autant plus incommodée, que ce serait au moment où elle reprend en quelque sorte son existence, et par conséquent, lorsqu'elle a le plus besoin de ménagements. Pour ne pas exposer les coupures que l'on fait aux vignes à un froid trop vif, en les faisant en plein hiver, et pour éviter les deux inconvénients que je viens de signaler, et ne pas perdre une quantité considérable de sève dans les bois qu'on aurait tardé à retrancher, on doit donc se hâter de procéder à cette opération aussitôt après la chute des feuilles. En ne la taillant pas pendant un certain temps, si elle produisait beaucoup la première année, la seconde, elle ne donnerait presque rien et reviendrait à son état primitif, en ne produisant que des graines d'une grosseur microscopique. Quand il arrive que la gelée détruit les bourgeons ou les mannes, il faut couper le bois au-dessous pour donner de la vigueur aux parties inférieures. Enfin, lorsqu'il arrive quelque accident à un pampre, il faut tout de suite y remédier, comme il faut se garder d'y toucher au bout d'un certain temps, parce qu'on lui ferait, en quelque sorte, éprouver un nouvel accident.

Ébourgeonnement.

L'ébourgeonnement, dont on fait trop rarement usage, a l'immense avantage d'empêcher la naissance des bois gourmands à l'extrémité des grandes branches, d'où résulte toujours l'amaigrissement du pied. La sève ne trouvant pas d'issue, s'arrêtant peu à peu dans la partie ébourgeonnée, est retenue ainsi au centre du pied, où il y a toujours profit à voir de forts bois, parce que c'est là qu'on trouve les meilleurs raisins. Tenir la sève en équilibre pour que la vigne jouisse de la vie dans de bonnes conditions, comme on maintient le sang dans le règne animal, la compenser, en quelque sorte, pour qu'elle se répande également dans chacune de ses divisions, donnera toujours les meilleurs résultats.

Tiroles et provins.

On distingue deux sortes de *tiroles :* l'une dont on ramène l'extrémité vers son point de départ pour lui donner à peu près la forme d'un ovale, ainsi que je l'ai déjà dit ; l'autre dont on met l'extrémité dans la terre à une profondeur de 20 centimètres. La disposition de la première ne peut manquer de lui faire porter un grand nombre de raisins ; mais comme cette production n'est pas naturelle, et qu'on a fait éprouver des blessures aux bois, quand on les a tordus, elle ne peut être saine ; aussi arrive-t-il constamment, ou qu'il faut se contenter des espérances qu'elle avait données, ou récolter de mauvais vins. Elle a encore l'inconvénient d'énerver les pampres voisins dont elle empêche les fonctions. La seconde tirole est établie comme supplément dans les dispositions d'un fort pied, pour empêcher que la sève ne se porte avec trop de force aux bourgeons supérieurs ; mais elle produit le mal qu'elle est destinée à empêcher, en retenant trop la sève, et ne peut donner de bon vin, parce que ses raisins sont malpropres et trop à l'ombre pour bien mûrir.

Cette seconde tirole, que l'on prend vers le milieu du pied, est rarement malade, tandis que les provins que l'on dispose plus bas le sont ordinairement. On le comprend, puisqu'elle a tout simplement son extrémité dans la terre, à l'endroit où elle arrive naturellement, et que, pour en faire ressortir les provins, on est obligé de les meurtrir, quand déjà on les a blessés habituellement à leur point de départ, pour les faire parvenir aux places où ils doivent remplacer les pieds manquants. On leur imprime ainsi deux contraintes qui leur sont très nuisibles. Peut-être arriverait-il que, si on les disposait comme cette tirole, ils s'en trouveraient beaucoup mieux, bien qu'ils fussent placés à contre sens et qu'on forçât la sève à rebrousser chemin. Il faudrait donc renoncer à remplacer les pieds manquants par des provins, puisqu'ils viennent si mal, ou les disposer comme la tirole dont il est question, si l'on ne voulait pas avoir recours aux pépinières. Le remplacement des pieds de vignes ne réussit qu'à la condition que le sol dans lequel on le fait soit bien fouillé; aussi les pieds que l'on remplace par des sujets, même bien garnis de racines, ne prospèrent-ils que lorsqu'on a rendu, dans une assez grande étendue, la terre où on les met suffisamment meuble; mais en suivant ma manière de procéder, le remplacement de ces pieds par aucun genre de provins ne paraît guère admissible, parce qu'il dérangerait la symétrie des pieds. Il faudrait donc remplir les vides avec de jeunes vignes tenues en réserve pour y suppléer. De quelque manière qu'on établisse les provins, il faudrait avoir la précaution de les planter par le temps le plus humide pour qu'ils fussent moins cassants. En arrachant un jeune arbre et en le replantant de haut en bas, les rameaux prennent les fonctions des racines, et les racines se transforment en rameaux; ce qui fait tout naturellement penser qu'un provin, planté à contre-sens, pourrait parfaitement réussir, alors que la vigne est la plante qui, par son exubérance de vie et sa flexibilité, se prête le mieux à toutes les combinaisons.

Épamprement, émondes, effeuillage et racines
à retrancher.

L'épamprement et les émondes ne doivent pas être négligés, pour que la sève n'ait pas à nourrir des membres inutiles. On doit aussi procéder avec adresse à l'effeuillage, quand il est nécessaire pour la maturité du fruit; il est fait habituellement avec brutalité, c'est à dire en arrachant les feuilles, ce qui occasionne des déchirures aux jeunes bois. Il faudrait couper les supports des feuilles et non les arracher, pour ne pas entamer des bois si tendres, et qui constituent l'avenir de la prochaine récolte. Il faudrait aussi avoir le soin de couper avec précaution les racines presque capillaires qui viennent aux jeunes vignes près du sol, et qui se font surtout remarquer, quand elles proviennent de boutures placées entièrement dans la position verticale; elles leur portent beaucoup de tort en contrariant les racines principales dont elles usurpent les fonctions.

Arbres et autres plantes dans les vignes.

Les arbres fruitiers font le plus grand mal aux vignes. Toutes celles qui les entourent sont étiolées et ne rapportent pas le quart de ce qu'elles produiraient, si elles en étaient éloignées. Ils les privent d'air, de chaleur et de lumière, si nécessaires à toute plante et principalemeut à la vigne, qui aime les beaux climats. Ils retiennent les brouillards autour d'eux, où il semble pleuvoir encore, alors qu'après une averse le soleil a déjà séché la terre et que les nuages ont disparu. Certain froment et le seigle cultivés dans les vignes, atteignant trop d'élévation, les privent, mais dans des proportions moindres que les arbres, des éléments si vivifiants qui viennent d'être signalés. On doit donc s'abstenir, si l'on veut avoir des vignes et vigoureuses et productives, de rien mettre près d'elles qui puisse les incommoder.

Influence des températures sur les vignes.

Dans les contrées où les étés sont trop doux, les raisins ne mûrissent pas, et les hivers trop rigoureux tuent les pieds. On voit dès lors que l'exposition qui convient le mieux aux vignes, c'est le midi. Cependant, dans les colonies, rarement les raisins sont entièrement bons à manger ; il ne se trouve que quelques graines qu'on puisse consommer ; le reste est en verjus ou en état de décomposition, parce que la sève ne cessant pas de monter, la plante ne s'arrête jamais, ce qui fait que l'on voit sur le même pied des bourgeons, des feuilles, des fleurs et des fruits plus ou moins mûrs, et d'autres entièrement passés, phénomène particulier à ces contrées, d'ailleurs si favorisées par la nature.

Vendanges.

On se presse souvent trop pour vendanger. Il faut attendre pour cueillir les raisins qu'ils soient parfaitement mûrs. En vendangeant prématurément, les graines n'ayant pas pris tout leur développement et la râpe étant encore verte, la qualité et la quantité du vin ne peuvent être les mêmes que si l'on avait attendu quelques jours de plus. Les propriétaires s'inquiètent quand ils voient un certain nombre de raisins pourris par une trop grande maturité ; ils ne songent pas que c'est une indication que la généralité des vignes donne en ce moment-là tout ce qu'elle peut donner ; les graines parvenues à la plus grande dimension qu'elles puissent avoir, rendent davantage, et la râpe ayant bruni ne peut rien communiquer de désagréable au vin.

En vendangeant trop tôt, on s'exposerait à avoir des vins durs, verts et sans couleur, et à en avoir en moindre quantité. En vendangeant, je ne dirai pas trop tard, mais plus tard, on aura des vins agréables, sans aucune acidité, suffisamment colorés, et une plus abondante récolte. Par un temps sec, les raisins rendent moins, parce qu'il arrête le développement des graines; le vin fermente trop dans les cuves et peut être vert. Le temps favorable aux vendanges est celui qui nous plairait le plus par sa douceur, s'il n'était pas un peu brumeux. Dieu nous donne cette pénétrante température dans les tièdes journées d'automne, pour faire abonder la magnifique récolte qui doit réjouir nos cœurs, raviver et féconder nos esprits. Alors l'enveloppe des graines, contre laquelle se trouve ce qu'il y a de meilleur dans la pulpe, se dilate et donne aux vins, à l'un, ce reflet d'or que le commerce s'applique trop souvent à faire disparaître. on ne sait trop pourquoi; à l'autre, la reine des couleurs, la couleur purpurine.

SOINS A DONNER AUX VINS

Bâtiments pour le vin et vaisseaux vinaires.

Les bâtiments pour faire le vin et pour le renfermer doivent être à l'abri de l'air et jouir d'une atmosphère tempérée. S'il faisait trop froid dans les celliers, les vins se décomposeraient en se troublant; s'il faisait trop chaud, ils se piqueraient en fermentant et diminueraient considérablement.

On ne saurait trop tenir en bon état les vaisseaux vinaires, qui doivent être en bois de chêne, ainsi que les tonneaux dont il faut faire un bon choix. Il y a des bois qui donnent un goût désagréable au vin, ce que l'on peut empêcher en humectant intérieurement les tonneaux avec de l'eau-de-vie. Quand les tonneaux sont faibles ou mal conditionnés, indépendamment du coulage, qui constitue déjà une perte, le vide qui en résulte peut faire aigrir le vin. Il faut soigner, selon l'usage, les vieux tonneaux et les vidanges; si on les négligeait, ils donneraient au vin un goût de moisi qui pourrait le corrompre assez pour ne pas pouvoir être consommé. De préférence il faut faire usage, pour les vins vieux, de tonneaux ayant déjà servi, ou bien il faut avoir le soin d'imbiber les neufs avec une certaine quantité de vin bouillant, et n'en faire usage que quelques jours après, pour qu'ils soient suffisamment avinés, en ayant ensuite la précaution de les rafraîchir avec de l'eau.

Cuvage des vins.

Le vin se fait mieux dans les grandes cuves que dans les petites, parce qu'il se détache mieux de la râpe. Il faut charger les cuves avec rapidité pour éviter qu'il ne s'y trouve de la vendange en fermentation et de la vendange fraîche, dont le mélange se ferait mal. S'il y a quelques cépages rouges qu'on puisse se dispenser de fouler, parce qu'ils se fondent facilement, il en est dont les graines sont tellement persistantes qu'il est utile de déraper les raisins.

Il vaut mieux écouler les cuves trop tôt que trop tard. Dans le premier cas, il n'en résultera d'autre inconvénient que de voir continuer dans les tonneaux le travail qui se faisait dans les cuves; dans le second cas, la bourre descendant et se mêlant avec le vin, le trouble pour longtemps et lui donne de l'âpreté. Si l'on attendait davantage, il s'aigrirait, parce que la râpe descendrait à son tour. Il faut donc saisir le moment où le travail du vin va cesser pour écouler, et l'on préviendra ainsi les deux inconvénients que je viens de signaler.

C'est principalement dans les contrées où les vignes sont les plus productives qu'on exagère le temps du cuvage, dont la durée moyenne est d'un mois, alors que, par contre, on peut citer les vins qu'on met dans les tonneaux avant de fouler; ces vins sont, il est vrai, peu colorés et trop secs, mais ils se font remarquer et par leur finesse et par la pureté de leur goût.

Pour avoir des vins limpides et sans goût de terroir, il faut procéder au foulage de la vendange avant de la mettre dans les cuves, pour les cépages qui fondent difficilement, afin de ne pas charger le liquide des parties solides des graines. On évitera encore ainsi le danger très grand d'asphyxie auquel on s'expose en écrasant la vendange dans les cuves, après en avoir ôté le vin, qu'il faut y remettre après l'opération, ce qui demande bien plus de temps que si l'on avait foulé dans les pressoirs. D'un autre côté, cependant, on ne peut mettre en doute qu'il puisse y avoir un avantage à mettre les raisins entiers dans les cuves, où ils acquièrent ainsi un degré plus prononcé de maturité, à la condition de ne point chercher ensuite, par un foulage exagéré, à détruire la couleur vermeille de cette agréable boisson, en en faisant une sorte de teinture servant à colorer certains vins et à faire des coupages si nuisibles à la santé, quand ils se composent de vins blancs et de vins rouges.

Généralement on ne fait pas cuver les vins blancs; c'est un grand tort que de leur laisser ainsi leur bourre, qui les tient si longtemps en fermentation, et qui occasionne des déchets si considérables aux premiers soutirages. Il faut mettre en cuve la vendange recueillie dans la journée, après l'avoir foulée et passée soigneusement à travers un tamis; attendre que l'écume, qui est au-dessus de la cuvée, se transforme en une couche sèche, et aussitôt que cette couche commence à se fendre, ce qui a lieu ordinairement dans la nuit, procéder à l'écoulage du vin, qui sera bien plus promptement clarifié que si l'on avait mis immédiatement le moût dans les tonneaux.

Enfin, il ne faut pas forcer la pression des marcs, parce que le vin qui en proviendrait aurait un goût de râpe très prononcé. Mieux vaut en avoir un peu moins, mais qu'il soit meilleur. Les vignerons y trouveront aussi leur profit; ils auront une buvande moins malsaine; c'est une satisfaction à laquelle ils ont bien le droit de prétendre, au moment où l'on vient de recueillir le fruit de leurs labeurs.

Soutirage des vins.

Il faut faire régulièrement les soutirages avant la pousse, la floraison et les vendanges, parce qu'il se fait dans les tonneaux un travail correspondant à la végétation. Ils rafraîchissent, purifient et vieillissent les vins, et doivent encore être faits avant de les transporter d'un lieu dans un autre, pour empêcher qu'ils ne se troublent.

Fouettage des vins.

Je crois devoir, dans l'intérêt de la santé publique, parler du fouettage des vins que l'on fait avec exagération. Sans aucun doute, il leur donne de la finesse; mais, d'un autre côté, il détruit ce qu'ils ont de moelleux, et en fait ainsi une boisson beaucoup trop sèche. Il y aurait donc un milieu à tenir, c'est à dire qu'il faudrait se borner à en faire usage, quand cette opération est indispensable pour combattre la fermentation, quelque vice de fabrication ou d'origine, ou un trouble trop apparent.

Avis aux consommateurs.

On ne saurait trop recommander aux consommateurs de ne confier le soin de leurs vins qu'à des personnes parfaitement aptes à ce genre de travail, et de se servir de bons liéges pour qu'ils n'éprouvent aucune altération dans le verre, où ils pourraient fleurir et même se piquer. Ce n'est qu'au bout de quelques mois qu'ils acquièrent une nouvelle qualité, quand ils sont assez vieux pour ne pouvoir se troubler.

Il est vraiment déplorable que, lorsque les propriétaires

se sont donné tant de peine pour élever les vignes, faire et conserver le vin, les consommateurs n'apportent pas quelque attention à ce que le leur ne perde pas de sa qualité chez eux. Ils semblent, au contraire, ne se doutant pas de la délicatesse de cette bienfaisante boisson, chercher par leur insousiance à la dénaturer. Ils ne devraient pas cependant oublier que le vin est inséparable du pain, comme aliment de première nécessité, qu'on ne doit dès lors ni le prodiguer, ni le laisser corrompre, et que les cultivateurs, exposés aux rigueurs des saisons, usent leur corps aux plus rudes travaux pour seconder l'œuvre de la Providence qui, chaque année, nous donne les immenses produits de la terre.

Effets des vins sur les populations.

Les vins ont une très grande influence sur le caractère des populations. Trop alcooliques, ils portent les hommes à la colère; communs, ils nuisent à leur intelligence. Les vins délicats, qui plaisent à l'œil et à l'odorat, les rendent gais, bons et spirituels. Qu'on se transporte par la pensée dans les contrées qui produisent ces diverses sortes de vins, et l'on se convaincra de l'exactitude de ces observations. Enfin, les vins falsifiés affaiblissent le cerveau et abrégent la vie. Pris en trop grande quantité, les vins blancs, les meilleurs même, surexcitent les nerfs et troublent l'imagination, et les rouges, les bons, engagent au sommeil.

On consomme partout, comme vins de Bordeaux, des vins qui ont une tout autre provenance, et qui sont expédiés de tous les points de la France où l'on cultive la vigne. On les vend fort cher, alors que souvent leur valeur est presque négative. Le goût ainsi se perd, et l'on ne sait plus apprécier les bons vins, alors qu'on met en parallèle, comme vins de Bordeaux, des vins qui ne leur ressemblent en rien. *Les Bordeaux* se font remarquer par leur limpidité, leur finesse et leur bouquet; ce sont les premiers vins du monde. Ils sont tout à la fois toniques et rafraîchissants, selon qu'on les consomme purs ou étendus d'eau. Cette boisson salutaire est aussi un puissant auxiliaire en médecine pour rétablir les forces des malades et donner aux convalescents une vie nouvelle.

CONCLUSION.

L'expérience ayant donné raison aux moyens que je signale pour rendre la santé à la vigne, sans le secours d'aucun remède, moyens qu'on a déjà mis et que l'on continue à mettre en pratique, et dont les heureux effets se font sentir, je voudrais, pour en voir généraliser l'application, si volontiers acceptée par les vignerons, qu'ils fussent portés à la connaissance de tous les propriétaires de vignes, pour qu'ils en fissent leur profit. Leur attention ainsi éveillée sur tout ce qui peut être nuisible à la vigne et sur tout ce qui la fait prospérer, ils verraient que pour avoir de bonnes et abondantes récoltes, il faut en finir avec la vieille routine, en introduisant une réforme dans l'éducation de la vigne, la traiter *hygiéniquement*, et lui donner, d'après le *raisonnement*, les dispositions qui lui conviennent, ainsi que l'indiquent la nature et l'exposition des terrains dans lesquels elle se trouve placée. C'est ce que je me suis proposé, en publiant le résultat de mes travaux et de mes consciencieuses et persévérantes observations. Ce but atteint sera pour moi une bien douce récompense de ce que j'ai pu faire dans l'intérêt de la vigne, la plus vaillante fille de l'agriculture.

Bordeaux, janvier 1867.

TABLE

—

TAILLE RAISONNÉE.

SOINS A DONNER AUX VINS.

Bordeaux. — Imp. G. Gounouilhou, rue Guiraude, 11.

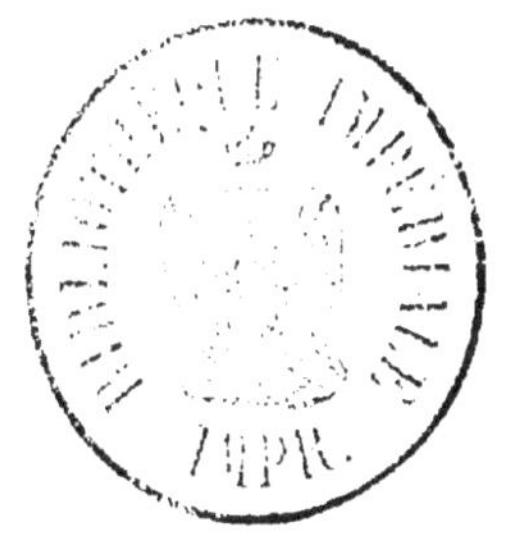

TAILLE DE LA VIGNE

Ancien Système

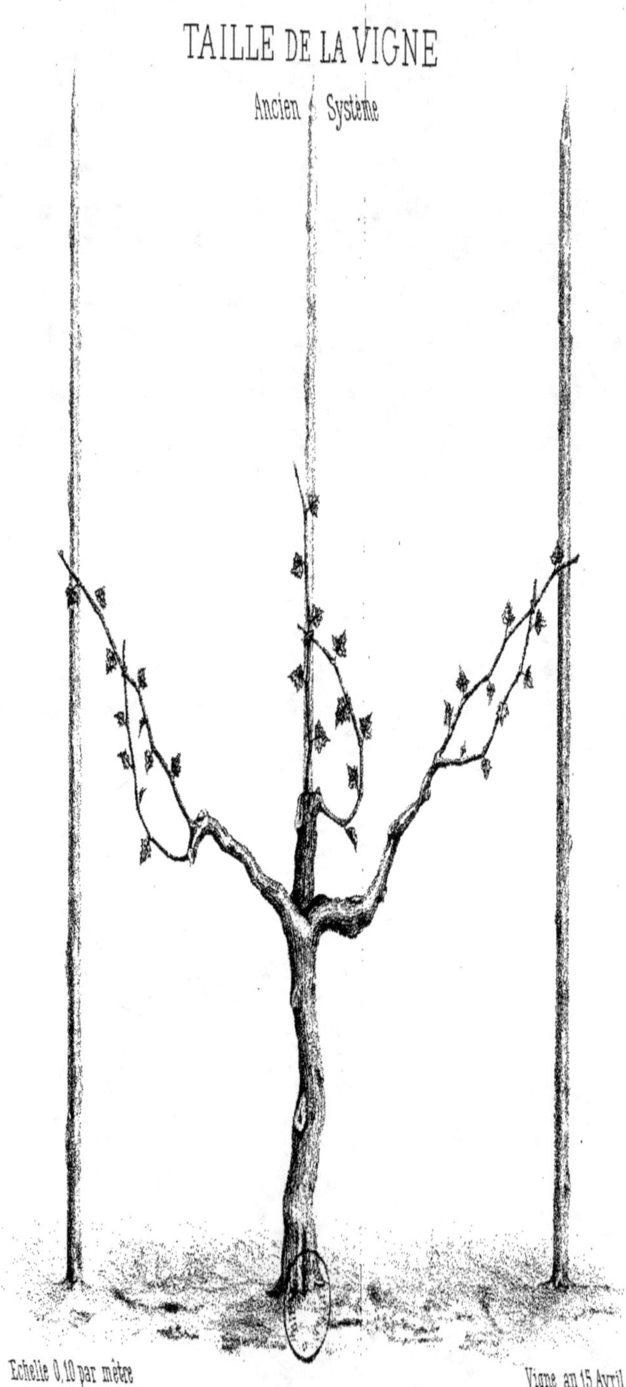

TAILLE DE LA VIGNE

Ancien Système Corrigé.

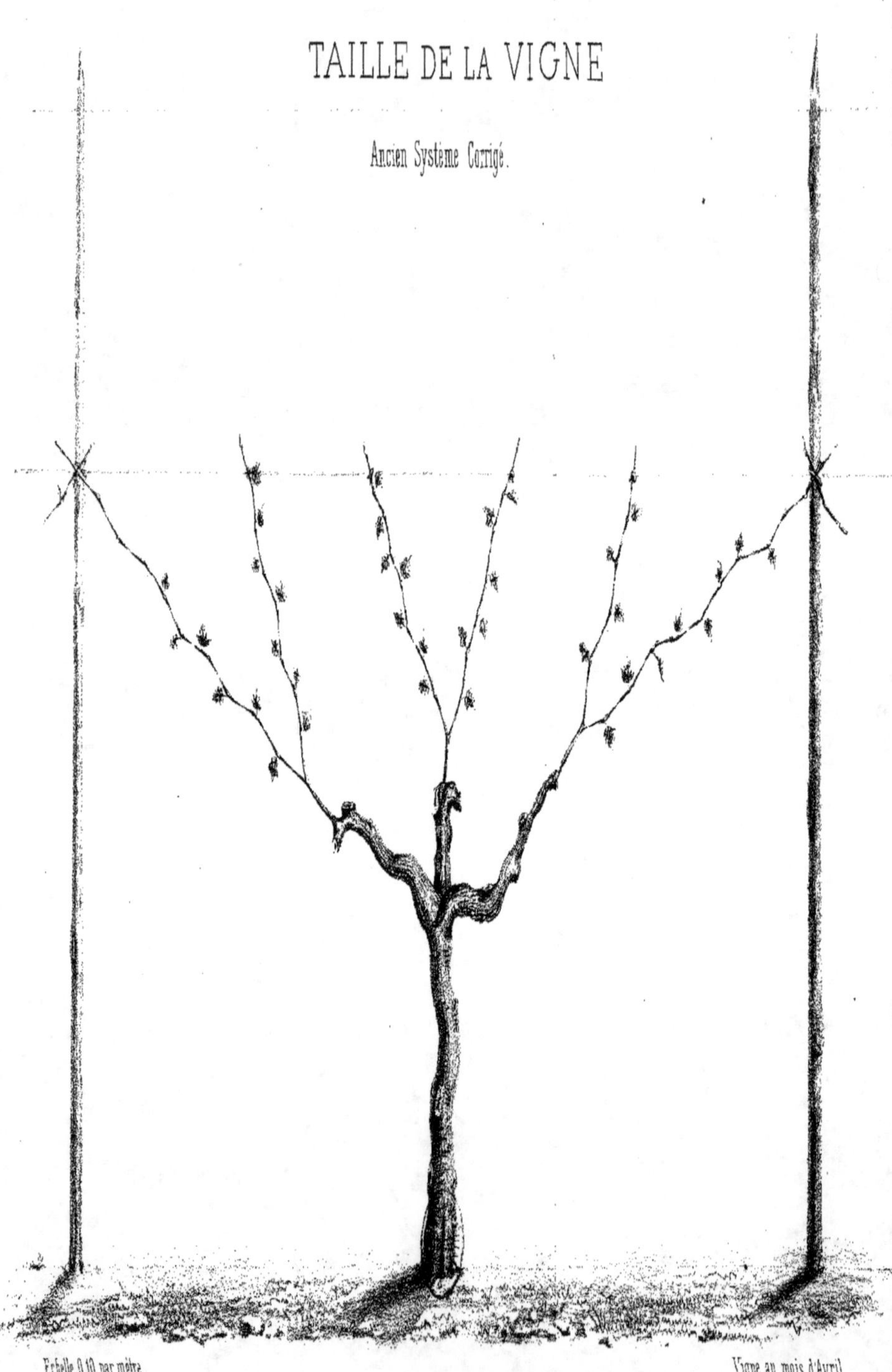

TAILLE RAISONNÉE DE LA VIGNE

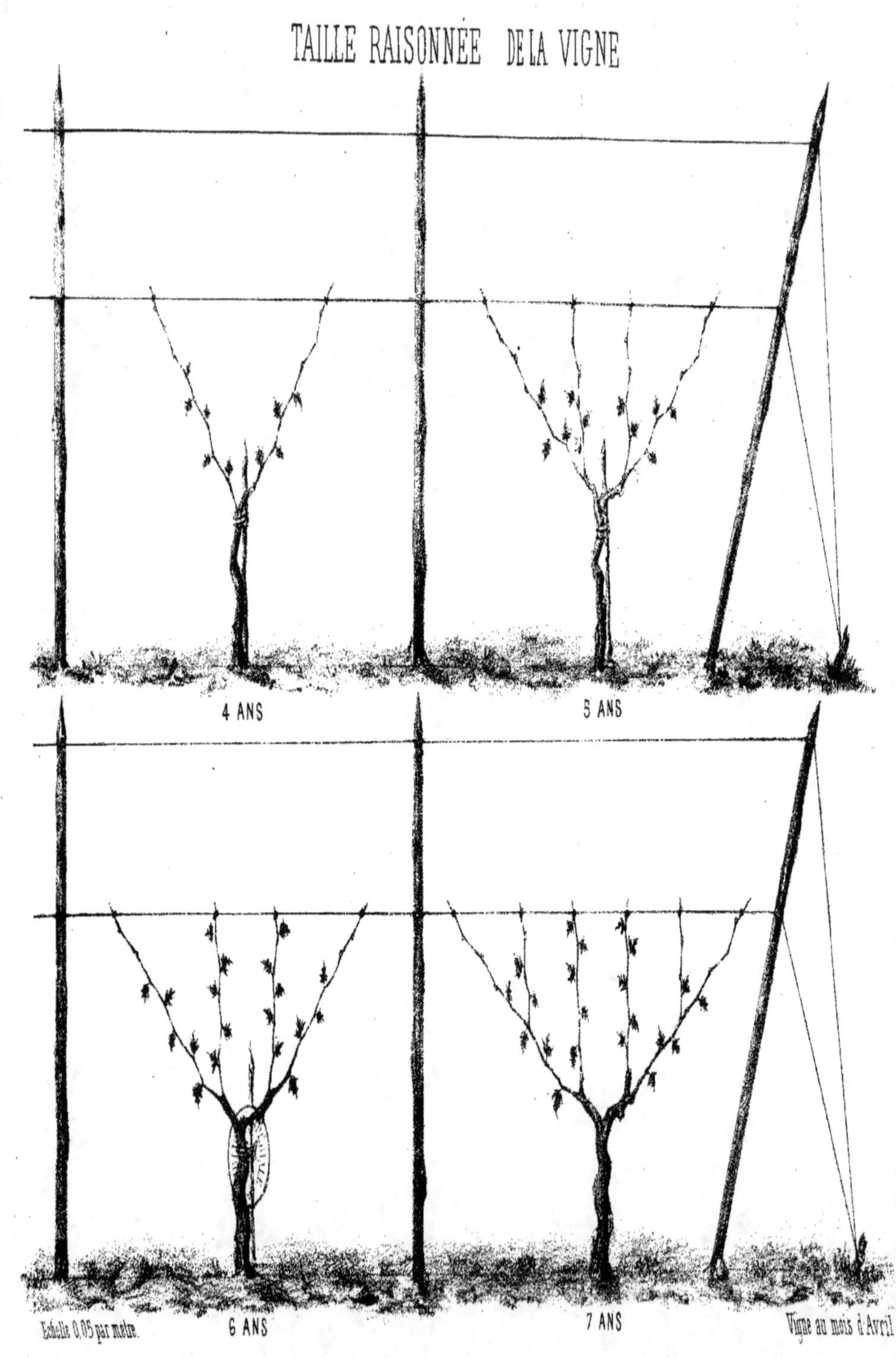

TAILLE RAISONNÉE DE LA VIGNE

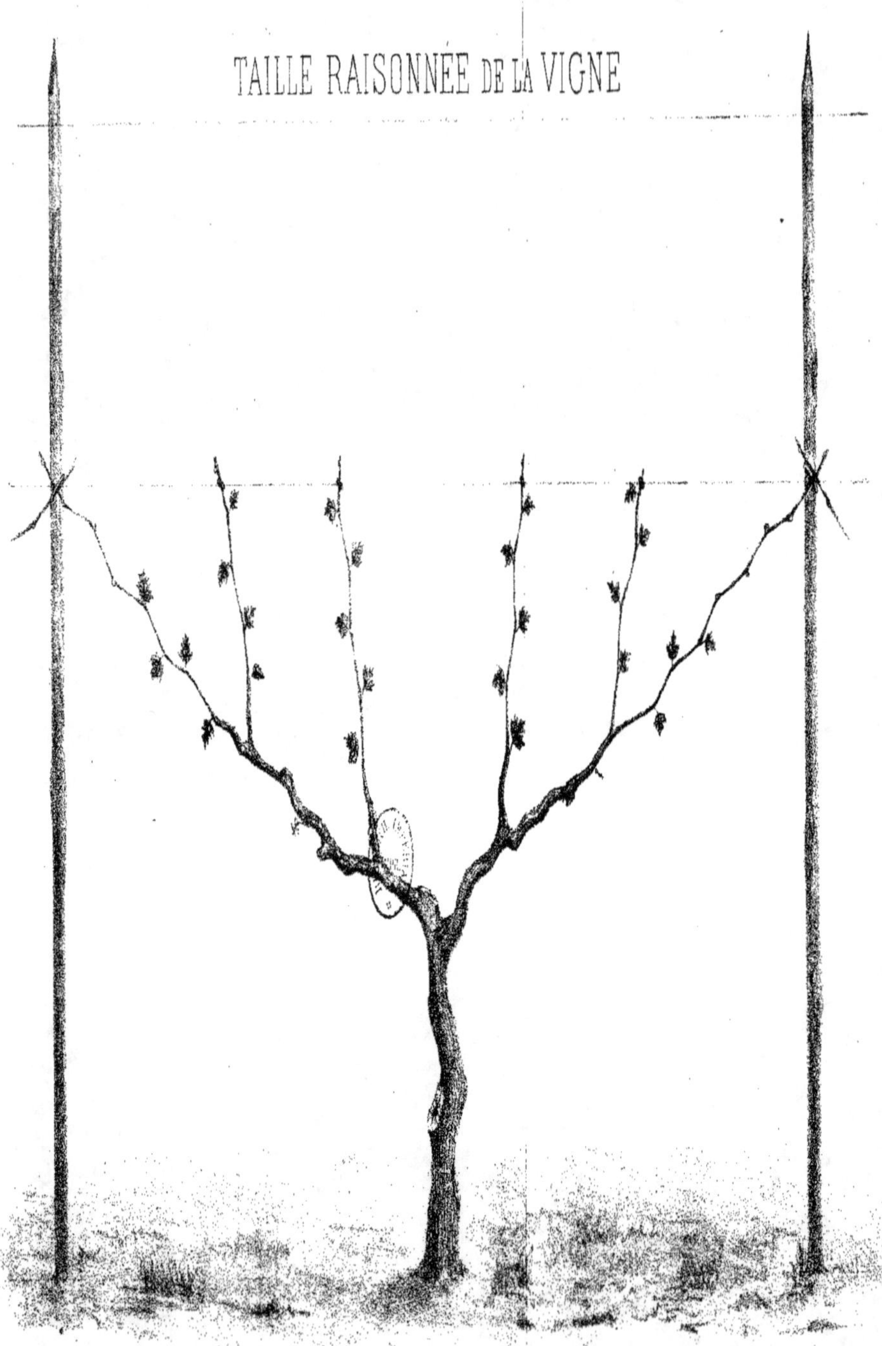